Discovery Education 探索·科学百科（中阶）

3级B3 密码与破译

广东教育出版社

中国少年儿童科学普及阅读文库

探索·科学百科 ™ 中阶

密码与破译

[澳]莱斯利·迈法德恩 ⊙著

管延圻(学乐·译言) ⊙译

Discovery
EDUCATION ™

全国优秀出版社
全国百佳图书出版单位
广东教育出版社

广东省版权局著作权合同登记号

图字：19-2011-097号

本书原由 Weldon Owen Pty Ltd 以书名 *DISCOVERY EDUCATION SERIES · Code Breakers*

（ISBN 978-1-74252-194-7）出版，经由北京学乐图书有限公司取得中文简体字版权，授权广东教育出版社仅在中国内地出版发行。

图书在版编目（CIP）数据

Discovery Education探索·科学百科. 中阶. 3级. B3，密码与破译/〔澳〕莱斯利·迈法德恩著；管延圻（学乐·译言）译. 一广州：广东教育出版社, 2014.1

（中国少年儿童科学普及阅读文库）

ISBN 978-7-5406-9373-2

Ⅰ.①D… Ⅱ.①莱… ②管… Ⅲ.①科学知识一科普读物 ②密码一少儿读物 Ⅳ.①Z228.1 ②TN918.2-49

中国版本图书馆 CIP 数据核字(2012)第162193号

Discovery Education探索·科学百科（中阶）
3级B3 密码与破译

著 〔澳〕莱斯利·迈法德恩　　译 管延圻（学乐·译言）

责任编辑 张宏宇 李 玲 丘雪莹　　**助理编辑** 胡 华 于银丽　　**装帧设计** 李开福 袁 尹

出版 广东教育出版社
　　　地址：广州市环市东路472号12-15楼　邮编：510075　网址：http://www.gjs.cn

经销 广东新华发行集团股份有限公司　　　　　　　**印刷** 北京顺诚彩色印刷有限公司

开本 170毫米×220毫米　16开　　　　　　　　　　**印张** 2　　　　　**字数** 25.5千字

版次 2016年5月第1版　第2次印刷　　　　　　　　**装别** 平装

ISBN 978-7-5406-9373-2　　**定价** 8.00元

内容及质量服务 广东教育出版社 北京综合出版中心
　　　　　　电话 010-68910906 68910806　网址 http://www.scholarjoy.com

质量监督电话 010-68910906 020-87613102　**购书咨询电话** 020-87621848 010-68910906

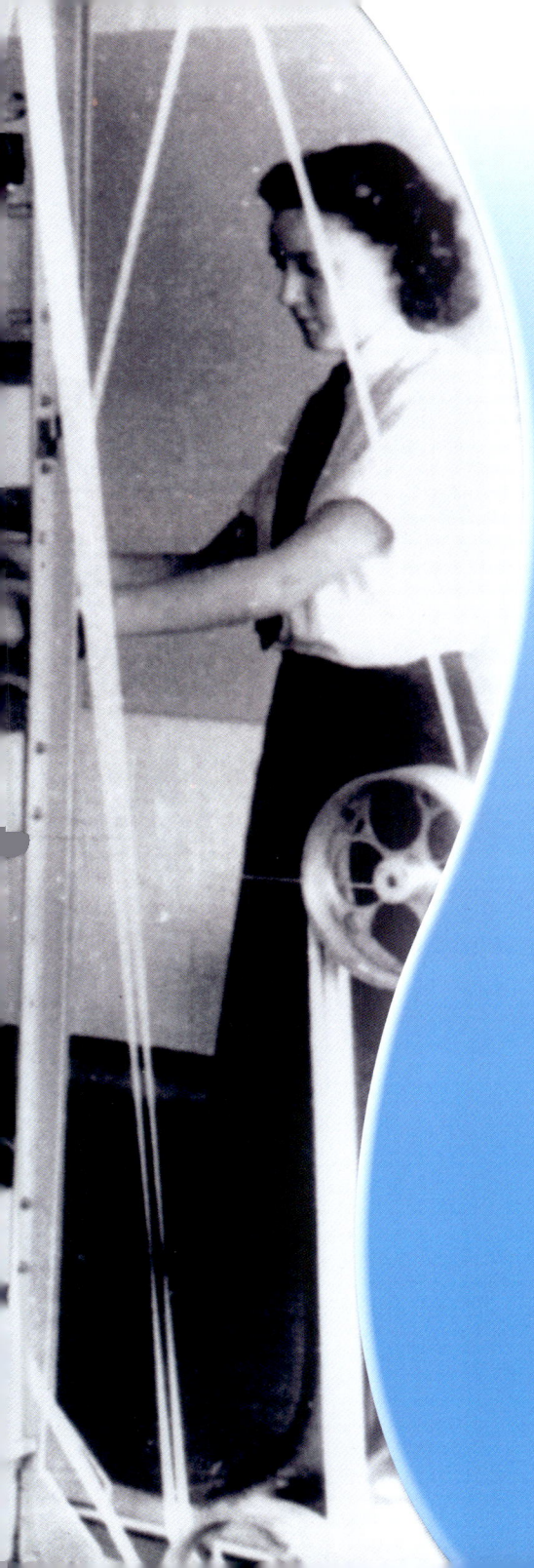

目录 | Contents

密码和代码

密码和代码都是为了给信息内容加密，但加密方式不尽相同。密码是用编码后的字母或数字代替完整的字或词。编码或解码信息的唯一途径是使用密码本。

代码则是用其他不同字母代替该字母。如果要编码或解码，就必须知道每个字母的代替规则。

明文和密文

使用一个固定规则将明文的可读信息转化为密文，即难以认读的一串文字。这个固定规则称为"算法"。撰写信息的人用密码加密信息，信息接收者用同样的密码解密信息。

如何加密信息

1. 以明文编写秘密信息；
2. 使用密码（每个字母在字母表向后移三位）加密信息；
3. 难以解读的密文信息被发送出去。

"Meet at the store"
（在商店见面）
明文

用密码加密

"Phhw dw wkh vwruh"
密文

如何解密信息

1. 观察密文的各个字母；
2. 利用你和发信人都知道的加密规则；
3. 译出密文，明文中的原始信息由此显现。

"Phhw dw wkh vwruh"
密文

用密码解密

"Meet at the store"
（在商店见面）
明文

密码编码者（Cryptographer）和密码破译者 (cryptanalyst)

密码编码者一词来源于希腊语，Kryptos 指的是"秘密"，graphein 指的是"书写"。所以该词是指书写或加密秘密信息的人。而密码破译者的工作是检查秘密信息，破解密码或代码，从而揭示原文。

美国南北战争期间，南方联盟军用的密码过于简单，北方联军的密码破译人员可以轻松将其破解。

战争时期的密码和代码

战争期间，密码和代码至关重要。第二次世界大战时，德国的恩尼格玛密码使用随机编码的字母加密信息，一度被认为是无人可破译的密码。

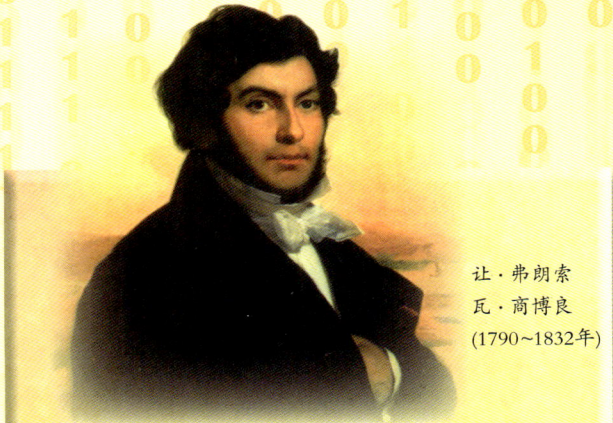

让·弗朗索瓦·商博良 (1790~1832年)

罗塞塔石牌

公元前 196 年，当罗塞塔石碑上被刻上文字时，碑文并非刻意写成密码的形式。当时埃及人使用三种不同的文字：埃及象形文、埃及草书和古希腊文，石碑上同时刻有这三种文本。不过，1799 年罗塞塔石碑在埃及拉西德（现称为罗塞塔）被重新发现的时候，没人能解读全部三种文本。1822 年，精通六种古代东方语言的让·弗朗索瓦·商博良破解了碑文，碑上记录的是埃及法老的功绩。

罗塞塔石牌

秘密信息

信息可以进行秘密传递。不过，如果信息落入不该拥有的人手中，那就不再是秘密了。解决方法就是使用一种只有发信者和收信者知道的密码，这样秘密仍是安全的。

古文字

文字是使用符号将信息编码的一种方式。远古时代，世界各地主要盛行四种文字系统。最早的象形文字是一些表示日常事物或概念的小图画。楔形文字原来也是使用象形的方法，但后来开始采用符号代表口语中的各种音节。象形文字使用各类符号表示声音、音节或事物。字母是一种拼音文字系统，今天美国和欧洲的大多数人都使用这种系统。

苏美尔楔形文字

大约公元前 3400 年，苏美尔人发明了文字。他们用削尖的芦苇秆当笔，在潮湿的黏土制作的泥版上写字。这种文字系统就叫做楔形文字（cuneiform），该词来源于拉丁文cuneus，意思是"楔子"。

象形文字整齐地排成行或列，可以从左到右，从右到左，或是从上到下认读。

古希腊文字

希腊人是在字母表基础上发明文字系统的第一批欧洲人。这个由 25 个字母组成的爱奥尼亚字母表被希腊人采用，其他欧洲字母表也由此演变而来。

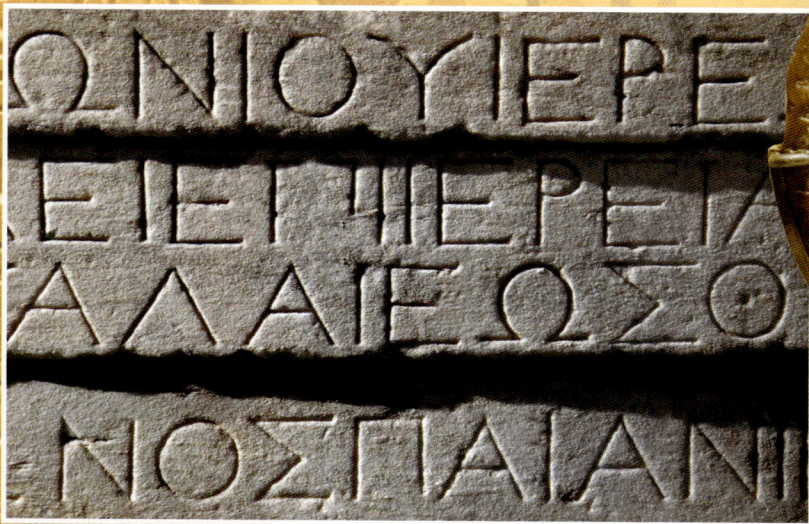

埃及象形文字

埃及象形文字共有 700 个。其中一些代表完整的单词，但大部分象形文字用来表示单个或成组的声音和音节。这就是说，象形文字也是一种拼音文字形式。

象形文字

M	Y	男人	AH
N	T	C 或者 K	R

费斯托斯圆盘

1908 年，在希腊克里特岛的费斯托斯宫殿里，一个泥土圆盘被人发现了。这个圆盘可能要追溯到公元前 1850 年。圆盘两面刻有 240 多个象形文字，至今仍没有人能破解。

训练中的抄写员

对古代埃及男孩来说，小时候开始接受抄写员的训练是一种荣誉。

HILZINSPDFUVEOBDGRFMUECKNSAYSTGP

密码棒

公元前 400 年，斯巴达人使用了最早的加密器械。发信者和收信者都有一个相同直径的木棍，叫做"密码棒"（scytale）。明文的信息写在一条长长的皮带上，解下来的带子上只有杂乱无章的密文字母。

解密

收信人把皮带绕在木棍上，将明文信息字母排列出来.

斯巴达战争

密码棒用来在战争中传递信息。

加密

发信人把信息写在环绕木棍的皮带上，然后将皮带解下来即可传递信息。

早期军事密码

对 文字信息加密的最古老方式叫做隐写术，即把信息隐藏起来，让人无从知晓。公元前480年，身在波斯的斯巴达人德马拉图斯，将一副看上去没写任何字的上蜡刻字版寄到希腊斯巴达，告知波斯入侵的企图。其实，他只是将消息写在木板上，然后涂上一层蜡盖住文字而已。

80年后，斯巴达人制作了世界上第一个加密器械，被称作"密码棒"。从那时起，密码、代码以及隐写术开始用来传递军事和政治秘密。

世界上首位知名的密码破译者全名叫做阿布·尤素福·亚区布·伊本·伊沙克·阿尔·金迪。

阿尔·金迪

阿尔·金迪（公元800~873年），巴格达的大学者，指出简单密码存在的主要问题是：明文中字母的数量和出现的频率与密文中的相同，致使密码很容易被破解。

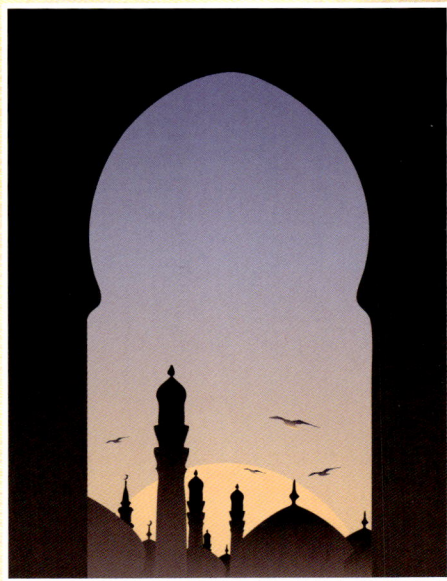

恺撒密码

尤利乌斯·恺撒采用的是一种非常基本的密码，只是将字母在字母表中向后移三位而已，比如字母 C 就变成了 F。任何类似于这种移位或替换的密文都被叫做凯撒密码。

盖乌斯·尤利乌斯·恺撒

尤利乌斯·恺撒（公元前100~前44年）深知军事占领能带来权力。13 年中，他在 12 场战役中赢得了 10 次胜利。战争期间，他的消息都用密码进行加密。不过相比于 342 年前斯巴达人发明的"密码棒"，恺撒密码很容易被破解。

多字码加密法加密

在多字码密码(polyalphabetic cipher)里,poly 是"许多"的意思,加密信息里的字母使用很多不同的算法。为了记忆不同算法,一种代码由此诞生。在字母表中,与字母 A 的相对位置成为了运算方法。

A	B	C	D	E	F	G	H	I	J	K	L	M	N	O	P	Q	R	S	T	U	V	W	X	Y	Z
	1	2	3	4	5	6	7	8	9	10	11	12	13	14	15	16	17	18	19	20	21	22	23	24	25

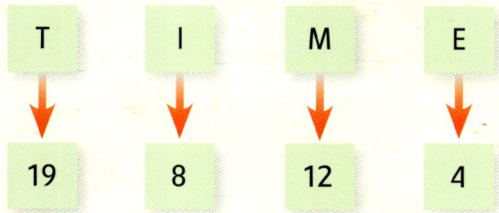

T	I	M	E
↓	↓	↓	↓
19	8	12	4

代码(比如"时间"TIME 这个词)用来加密明文。明文中的每个字母在字母表中距离字母 A 都相应产生了不同的位置。

这里列出的是代码词 TIME 和这四个字母分别距离字母 A 的位置(分别是 19,8,12,4)。以此类推,明文"HIDE GUNS IN FOREST"(把枪藏在森林里)变成密文就是 "AQPI ZCZW BVRSKMEX." "HIDE" 这个词是如何被加密成 "AQPI" 的,如图所示。

明文字母	密钥字母	明文移动的位置	密文字母
H	T	19	A
I	I	8	Q
D	M	12	P
E	E	4	I

密钥字母:T 表示移动 19 个位置

H	I	J	K	L	M	N	O	P	Q	R	S	T	U	V	W	X	Y	Z	A
	1	2	3	4	5	6	7	8	9	10	11	12	13	14	15	16	17	18	19

密钥字母:I 表示移动 8 个位置

I	J	K	L	M	N	O	P	Q
	1	2	3	4	5	6	7	8

密钥字母:M 表示移动 12 个位置

D	E	F	G	H	I	J	K	L	M	N	O	P
	1	2	3	4	5	6	7	8	9	10	11	12

密钥字母:E 表示移动 4 个位置

E	F	G	H	I
	1	2	3	4

多字码密码

恺撒密码极其容易破解。如果密码破译者能找出一个字母的规则或算法，那么同样的算法可以适用于其他所有字母，这样整个信息也就被破译了。多字码密码则非常复杂，因为明文的每个字母都遵循不同的算法而产生密文。多字码密文是有了双重保险的加密系统，这给密码破译者带来了更大的挑战。

女王的覆灭

苏格兰女王玛丽被英格兰女王伊丽莎白一世囚禁在伦敦塔内。玛丽和她的拥护者来往的信件都被加密过。很多符号用来代指单个字母（代码）还有单词（密码）。汤姆斯·菲利普斯是当时欧洲最厉害的密码破译者之一，他读懂了玛丽的所有信件，其中一封信中策划了暗杀英国女王伊丽莎白的行动，这次解密将玛丽送上了断头台。

玛丽（苏格兰女王）

阿尔贝蒂密盘
美国南北战争期间，北方联军用这种密盘加密和解密信息。只需移动密盘的把手，密文中的字母和数字就会转译成明文的字母和数字。

网格密码

1550 年，吉罗拉莫·卡尔达诺发明了一个全新的密码编码工具。卡尔达诺漏格板包含了两个加密系统：隐写术（一种被嵌入或被隐藏的秘密信息）和密码。漏格板如同一个面罩或是一个印刷模板，上面有很多漏格。当漏格板置于一个看似正常的信息上，漏格就能显示出隐藏信息中的文字。就像恺撒密码随着时间不断完善一样，网格密码也是如此。不过，在 330 年之后，旋转网格密码才出现。

发送信息

第一次世界大战刚开始几个月，德军便使用旋转网格加密信息，然后这些信息使用摩尔斯电码用电报发送出去。

卡尔达诺漏格板

为了顺利加密和解密，发信者和收信者必须拥有一个密钥，那就是一个有着相同位置漏格的网格。网格中的漏格仅能显示秘密信息中的文字。

加密

明文信息必须看上去完全没有异常，但也不能太粗陋生硬。只有漏格显示的那些文字才是最重要的信息。

吉罗拉莫·卡尔达诺

吉罗拉莫·卡尔达诺（1501~1576 年）意大利发明家、数学家。与许多人一样，他对秘密信息痴迷不已。

解密

将漏格板置于信息之上，便可解读秘密信息。尽管使用网格密码比较容易，但网格也非常容易丢失、被盗。

I will be at the operatonight, but will meet youfordinner later, ifyoulike.

I will be at the operatonight, but will meet youfordinner later, ifyoulike.

b e w a r e

旋转网格

　　网格被分为四个方块，每个方块有四个漏格。网格要不止一次地覆盖在原始信息上，经过几次不同方向的旋转，每次旋转覆盖得出的信息组合起来才是最后的密文。

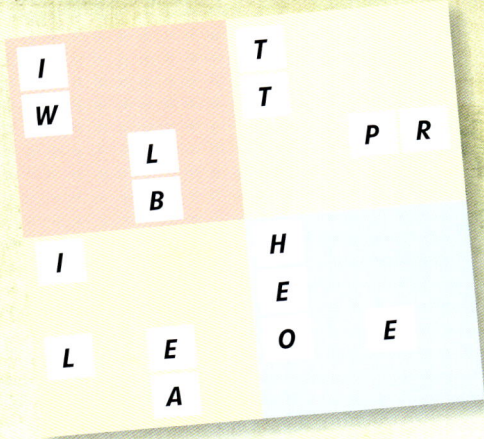

1. 最初的 16 个字母

　　这里使用第 14 页提到的明文，最初的 16 个字母（每个方块四个字母）通过网格漏格显现出来。

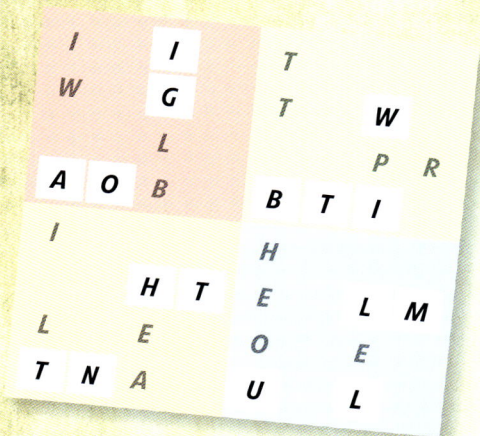

2. 第一次旋转

　　发信者将网格逆时针旋转 90°，然后记下接下来的 16 个字母（每个方块四个字母）。

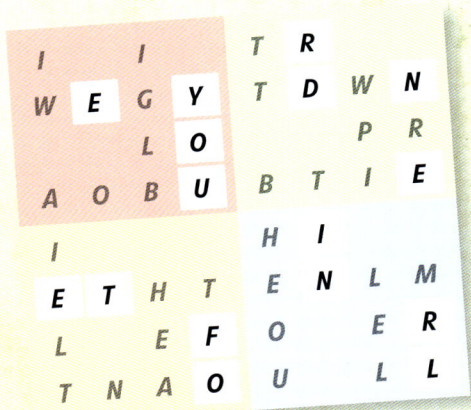

3. 第二次旋转

　　再将网格逆时针旋转 90°，第 33 到 48 个字母显现。

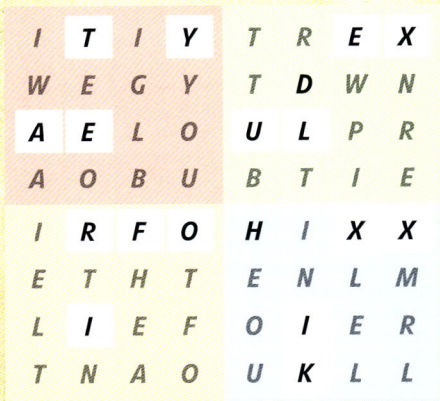

4. 最后一次旋转

　　最后再逆时针转 90°，剩下的密文和填充字母（称为"无效字符"）加上之前旋转产生的字母，所有 64 个字母出现了。

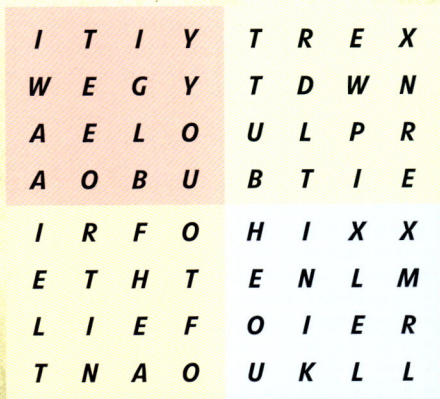

5. 密文信息

　　如果没有旋转网格或者不知道如何旋转，这 64 个字母的信息（每个方块 16 个字母）是无法破解的。

报纸密码

自 18 世纪开始，秘密信息便可以在报纸上传递。这些秘密信息通常出现在个人专栏，这些版块通常由情人、间谍甚至罪犯占据。

在电子媒体诞生之前，新闻记者必须在公共电话上读出甚至喊出报道内容，或者从邮局发送电报。这样其他记者可能会听到或者读到报道信息。如果使用代码字符，记者就可以安全传递所拥有的独家新闻，这样，他们的同行就无法了解真实信息了。

珠穆朗玛峰登顶成功

对英国伦敦《泰晤士报》的记者詹姆斯·莫里斯来说，埃德蒙·希拉里和丹增·诺尔盖登上珠穆朗玛峰顶的消息可谓是独家新闻。莫里斯与登山者同行，借助于与攀登珠峰相关的、商定好的代码字符，发出的明文消息说这次登顶失败。而事实上，他加密的报道内容是珠峰登顶已经成功，而且加密信息里透露了两名登山者的名字。

丹增·诺尔盖

丹增·诺尔盖是英国登山队的尼泊尔向导。他在 1952 年差一点就成功登上珠峰峰顶。1953 年，他终于成功了。

填字游戏

从 20 世纪 20 年代开始，很多报纸刊登一些有隐晦（谜语或秘密）提示的填字游戏。为了完成填字，密码分析学被广泛采用。这些提示有的是密码，比如像回文构词法一样将字母重排；有的是代码，即一个字被其他字所代替。

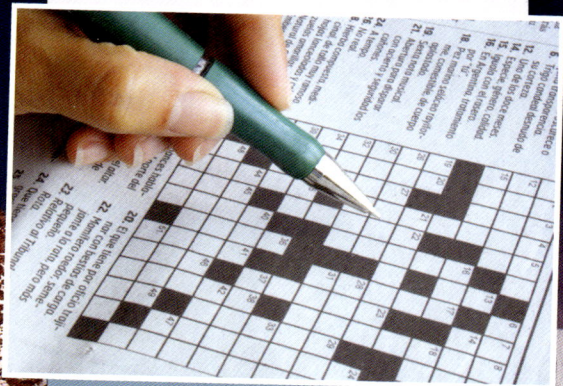

填字游戏

埃德蒙·希拉里

登山队里有一些登山者，希拉里也成功到达峰顶。

"雪情糟糕。前进分队从基地撤回。期待好转。"

詹姆斯·莫里斯在 1953 年向《泰晤士报》发送了这条消息，宣布珠峰登顶成功。

编码信息	涵义
雪情糟糕	珠峰登顶成功
大风仍很棘手	尝试失败
南部山坳无法据守	队伍
洛子峰山面无法到达	鲍迪伦
山脊无法据守	埃文斯
退回西部凹地	格雷戈里
前进分队从基地撤回	希拉里
第 5 营地被放弃	亨特
第 6 营地被放弃	劳氏
第 7 营地被放弃	诺伊斯
期待好转	丹增
进一步消息马上跟进	沃德

摩尔斯电码

全世界有数百万的人知道摩尔斯电码。这不是一个密码，而是发送传输信息的方式。1835年，摩尔斯电码由美国人塞缪尔·摩尔斯发明，这是一种由表示不同字母、数字和标点的点和划组合成的信号代码。这些加密的点和划通过电脉冲在电线中传送，这个系统被称为电报。

摩尔斯电码是最早的即时信息传送形式。2008年，它不再作为官方通信系统。

塞缪尔·芬利·布里斯·摩尔斯

塞缪尔·摩尔斯

当塞缪尔·摩尔斯构思出摩尔斯电码的时候，他还是纽约大学艺术设计专业的教授。然而，他和同事历经数年才获得新的电报系统的资金支持。直到1844年，第一个摩尔斯电码信息才从华盛顿国会大厦传送到巴尔的摩。

发送信息

一个制作简单的机器将加密的点和划通过电脉冲在电线中传送。发信者轻轻敲击一下电键可以产生点，长按电键三倍以上的时间便会产生划。

20世纪20年代的电报机

其他传输方式

除了电报，还有其他传输摩尔斯电码信息的方式。雾角或是信号灯也可以通过发出声音或是闪现点和划构成信息。

摩尔斯字母表

摩尔斯电码字母表一共有两个。这里列出的是国际通用的摩尔斯电码，除了美国以外，世界大部分地区都采用这个标准。最常用的几个字母（比如 E、T、S）由简短容易记忆的电码表示。美式摩尔斯电码字母表是最原始的电报电码，26 个字母中有 15 个与国际标准采取同样的符号表示，而剩余的 11 个字母则是由不同的点和划的组合表示。

国际通用摩尔斯电码

A	•—	N	—•
B	—•••	O	———
C	—•—•	P	•——•
D	—••	Q	——•—
E	•	R	•—•
F	••—•	S	•••
G	——•	T	—
H	••••	U	••—
I	••	V	•••—
J	•———	W	•——
K	—•—	X	—••—
L	•—••	Y	—•——
M	——	Z	——••

使用电键

操作者按电键便可发出电报，短按产生点，长按产生划。

记住电码

摩尔斯电码不容易记忆。以下所列的字母表，由国际通用的摩尔斯电码叠印在字母上面，在一战中曾被军队使用。

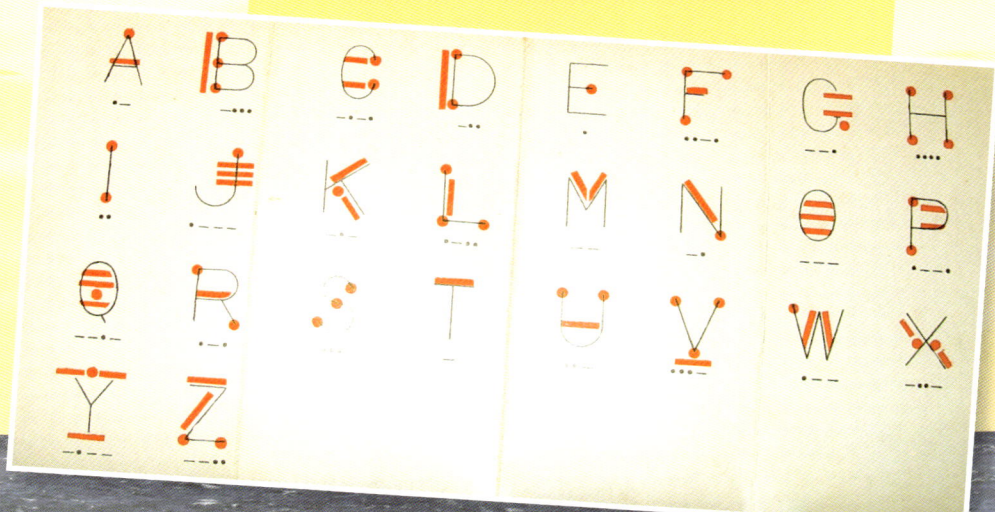

加密电报

这封电报根据德国最新的密码本上的数字代码加密。

齐默尔曼电报

1914年，第一次世界大战爆发。美国一直保持中立，直到1917年英国将一封加密的德国电报发给美国。这封电报由德国外长亚瑟·齐默尔曼发给墨西哥。电报中说德国潜艇将重新开始攻击大西洋上的船舶，并声称，如果墨西哥成为德军同盟，德国将"奉上"得克萨斯州、亚利桑那州和新墨西哥州。

密码破译者

在"40号房间"（英国军事破译中心），雷金纳德·荷尔上校带领一批密码破译者破解德军密码。战争初期，英军获取了德国密码本，这给予他们一些线索。不过他们没有拿到真正的密码本，所以为了破解电报他们进行了一些猜测。

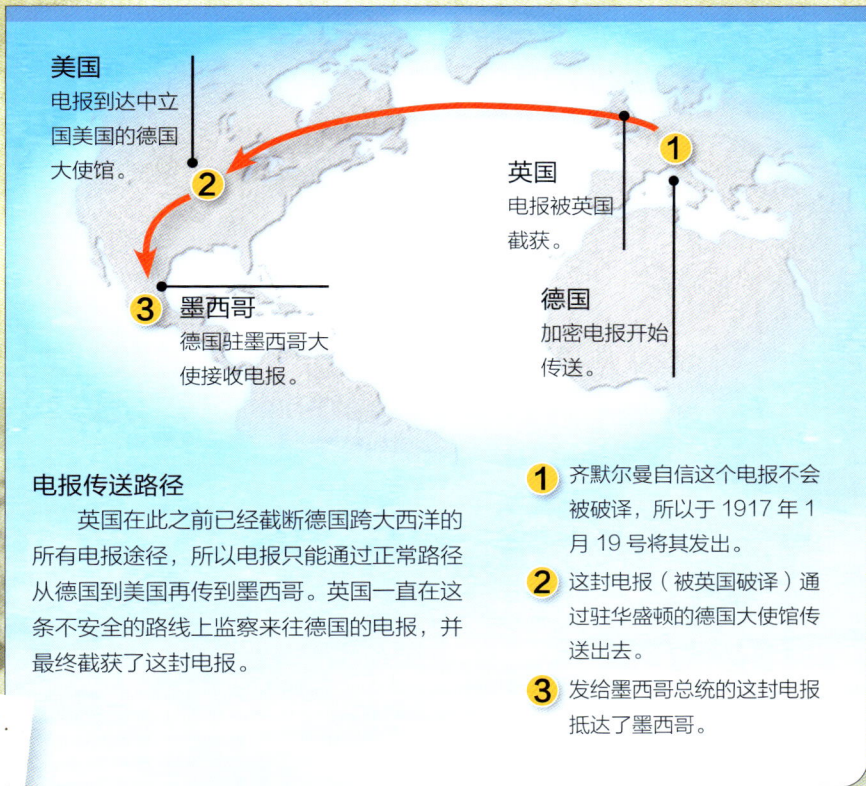

美国
电报到达中立国美国的德国大使馆。

英国
电报被英国截获。

德国
加密电报开始传送。

墨西哥
德国驻墨西哥大使接收电报。

电报传送路径

英国在此之前已经截断德国跨大西洋的所有电报途径，所以电报只能通过正常路径从德国到美国再传到墨西哥。英国一直在这条不安全的路线上监察来往德国的电报，并最终截获了这封电报。

① 齐默尔曼自信这个电报不会被破译，所以于 1917 年 1 月 19 号将其发出。

② 这封电报（被英国破译）通过驻华盛顿的德国大使馆传送出去。

③ 发给墨西哥总统的这封电报抵达了墨西哥。

解密

密码破译者凭借截获的密码本和横向思维破解了这封电报。

信息

破译后的信息于 1917 年 2 月 24 号寄给美国总统。

美国宣战

有关齐默尔曼电报的新闻在美国发表。接着，1917 年 4 月 6 号，美国总统伍德罗·威尔逊对德国宣战。

恩尼格玛密码

1918 年，德国商人亚瑟·谢尔比乌斯发明的恩尼格玛密码机获得专利。起初，这是银行和商业上为了保险起见，加密信息而使用的。从 1924 年开始，它被德国军队采用。该密码机额外添加了扰码，并且它们的位置每天都在变动。

德国人相信他们拥有了一种无人可破解的密码，在战争结束前他们总共有 30 000 多台恩尼格玛密码机在运作。这些机器非常便携，可以在陆战、空战或是潜艇中使用。操作者使用当天的扰码改变字符位置，然后将明文输入，机器就能自动编码加密。

布莱切利公园

1939 年 8 月，英国政府密码学校在布莱切利公园成立。这个破译队伍由一群经验丰富的数学家、解密专家、语言学家和历史学家组成。

不可思议！

明文字母输入之后，3 个转子便会改变位置。下次明文输入的时候，加密方式又会不同。因此，恩尼格玛密码很难破解。

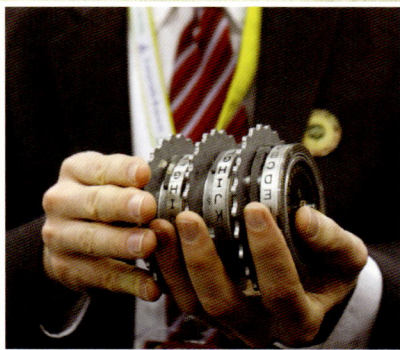

转子

恩尼格玛密码机有 3 个转子，也被称为扰码盘。每个转子的位置每天都会变化。

恩尼格玛密码机

恩尼格玛密码机上有数以亿计的排列组合可能。每天的编码决定于机器 5 个转子中 3 个转子的选择、这 3 个被选的转子的位置、每个转子起始位置和字母，以及接线板的线路方式。这些每天变更的代码被德国陆军、空军和海军大规模使用。

反射器

反射器将每个被重新编码的字母通过转子发回去。

转子

在通过 3 个转子操作之后，每个字母都被重新编码。

灯泡板

在编码之后，密文在灯泡板上显示。

接线板

接线板是另一种扰码器，每天都会改变线路方式。

破解恩尼格玛

破解恩尼格玛密码需要一系列工作。英国不仅同样拥有早期波兰制作的恩尼格玛密码机，有世界第一台可作出数学分析的计算机，还有截获的恩尼格玛密码本，而且有一支杰出的密码破译者队伍。德国人相信恩尼格玛密码无人可破，但是他们从不知道，在布莱切利公园的一些人将战争期间使用恩尼格玛密码通讯的信息全部破解了。

这个拦截和破解恩尼格玛密码通讯的密码系统名字叫Ultra（终极）。它是历史上最成功的情报活动之一，在20世纪90年代之前，Ultra一直是个秘密。

亚伦·图灵

亚伦·图灵是布莱切利公园的一个密码破译者，他专攻二进制数学。他研制出了"自动机"（bombe），又名"图灵机"。这个机器复制模仿了恩尼格玛密码机的设置。

巨人计算机

巨人计算机（Colossus）是世界上第一台电子数字信息处理器，它通过真空管分析破解密码的大量数据。这里展示的型号是巨人计算机2号，它利用2 400个真空管破解了恩尼格玛密码。

在破译出恩尼格玛密码后，英国对如何使用破解信息谨慎有加。如果他们破解信息后照对策行动，比如撤离被敌军选定的空袭目标地点，那么德国人会认为恩尼格玛不再安全可靠，可能会换一种新的密码系统。

破解密码

破解恩尼格玛密码，以下各方共同付出了努力：波兰的密码破译者、波兰制作的恩尼格玛密码机、法国情报局以及布莱切利公园的英国语言学家和数学家。

1. 一名波兰密码破译者发现，许多恩尼格玛信息都以相同的词 Aus aus 开头。于是他从这些重复的字母里发现了破解其他字母的方法。

2. 法国情报局抓到了一名德国间谍，间谍供出了军用恩尼格玛密码机的一些详细信息和每天不同的代码。

3. 为了找出在恩尼格玛密码中可能的排列组合，英国利用这些信息制造了自己的恩尼格玛密码机、计算器和图灵机。

无法破译的密码系统

只有当一次性便笺密码的四项规则被 100% 贯彻时，一次性便笺密码才是一种无法破译的密码系统。每个密钥必须只能使用一次。然而，在想出密钥所需的一些随机数据后，编码者总是想继续使用下去，前苏联间谍在 20 世纪 40 年代的一段时间内用的就是这种方法。还有，只有两个人有密钥的拷贝。英国情报机构军情五处曾经从一个前苏联间谍身上获得了一个一次性便笺密码，那条信息的密钥不再无法破译了。

约瑟夫·奥斯瓦德·莫博涅

美国陆军通讯兵约瑟夫·奥斯瓦德·莫博涅上尉向一起合作解密的吉尔伯特·维尔南建议道，一次性便笺密码的密钥应该包含随机信息。他们的发明在 20 世纪 20 年代中期获得专利。

					TAPIR	VVS-Ex.	№ 03086			
A 0	E 1	I 2	N 3	R 4	DE 55	F 56	G 57	GE 58	H 59
B 50	BE 51	C 52	CH 53	D 54		65	66	P 67	Q 68	S 69
J 60	K 61	L 62	M 63	O 64			W 76	X 77	Y 78	Z 79
T 70	TE 71	U 72	UN 73	V 74	75					. 89
WR 80	Bu 81	Zi 82	ZwR 83	Code 84	RPT 85	86	87	88	" 98	99
: 90	' 91	- 92	/ 93	(94	) 95	+ 96	= 97	" 98	99
0 00	1 11	2 22	3 33	4 44	5 55	6 66	7 77	8 88	9 99

一次性便笺密码的四项规则

1. 密码密钥必须由完全随机的数字组成。因为密钥的随机性，破解线索（比如某个字母的使用频率）的存在将不可能。

2. 只有两个人拥有密钥：一个是加密信息的发信者，一个是解密信息的收信者。

3. 随机数据构成的密钥必须与明文信息中的长度一致。

4. 每个密钥只能使用一次，而且用完一次必须立即销毁。在信息加密之后，用来加密的密钥将不会被再次使用。

一次性便笺密码

次性便笺密码（一次一密密码），又称做维尔南密码，是由美国电话电报公司的工程师吉尔伯特·维尔南和美军上尉约瑟夫·奥斯瓦德·莫博涅共同创制的。发明者都是美国人，但是一次性便笺密码却被前苏联间谍广泛使用，而在冷战期间，前苏联是美国的敌人。

一次性便笺密码相当复杂，使用起来很耗时间，但却是唯一一个"理论上"无法破译的加密技术。一次性便笺小到可以握在一只手掌里。正因为如此，一次性便笺密码在诞生60年后的20世纪80年代还在被间谍使用。

不可思议！

一次性便笺密码的加密系统至今仍在使用：现代网络浏览器就是通过流密码对受到安全保护的网站信息进行加密的。

维诺娜计划

从20世纪40年代初到1980年，也就是冷战期间，美国和英国政府合力实施了"维诺娜计划"，旨在截获并破译前苏联政府和情报局往来的密电。许多信息都是使用一次性便笺密码加密的。

罗森堡事件

美国公民朱利叶斯和其丈夫艾瑟尔·罗森堡，是被"维诺娜计划"揭露的为前苏联谍报机关工作的两位间谍。他们于1953年被处以死刑，罪名是把核武器的信息透露给前苏联。

密码档案

密码编码学（用密码或代码编写信息）和隐写术（在传递中隐藏信息）都是用来隐藏和遮盖信息的方法。隐写术包括很多技术，比如吞食秘密信息、隐藏在缩印文件里，或者使用隐形墨水。

这些技术并非破译者独有，日常生活中我们都在广泛使用。

迷宫

许多迷宫的设计是为了隐藏正确的路径，并且迷惑走进迷宫的人们。最著名的当属希腊神话忒修斯和牛头怪的迷宫了。忒修斯为了找到去往迷宫中心杀死牛头怪的路，将一个线团解开推在迷宫的入口，这就是"线索"一词的由来。

画谜

The 🤸 put on a 👕 and 👢 to play in the ☔ .

画谜指的是用图画代替词语或音节。这是替换密码的一种形式。早期基督教徒使用画谜加密他们之间传递的信息。在纹章学中，画谜也被广泛使用，持有人的姓名就是用图画表示的。如今，画谜被用来教孩子们阅读。

这个句子是说"那个女孩穿上衣服和雨靴为了在雨中玩耍"

丝绸上的秘密

丝绸材质柔软却很耐用，可以卷得非常小。在中国古代，信使会把写有秘密信息的一卷丝绸涂上一层蜡，然后将其吞下传递信息。二战期间，飞行员为防飞机被击中时，飞行图落入敌手，所以将小型地图画在丝绸上藏起来。

丝绸上的密钥

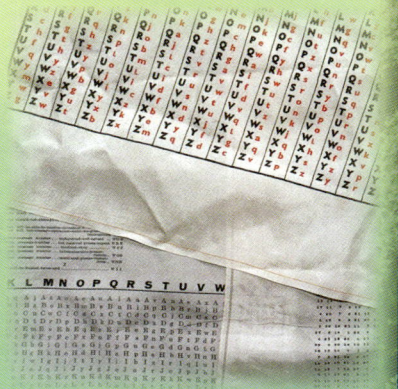

布莱叶点字法

19 世纪，盲人少年路易·布莱叶发明了布莱叶点字法。布莱叶盲文是在法国海军军官查尔斯·巴比埃的编码基础上诞生的。凸起的点和划能让法国士兵在夜晚没有灯光的条件下读写信息。路易·布莱叶将划去除，并将点的数目减半，从而大大简化了代码。布莱叶点字法只需将手指尖按到凸起的点上即可快速阅读。

阅读布莱叶盲文

隐形墨水

古罗马的老普林尼在写作时就使用了隐形墨水。距今更近一点，基地组织的联系名单也是用隐形墨水写成。简单的隐形墨水可以由柠檬水、酒、醋或牛奶制成。战俘则用汗水、口水和尿液书写。为了显现信息，还需要紫外线、热或者化学制剂的辅助。

隐形墨水写成的信息

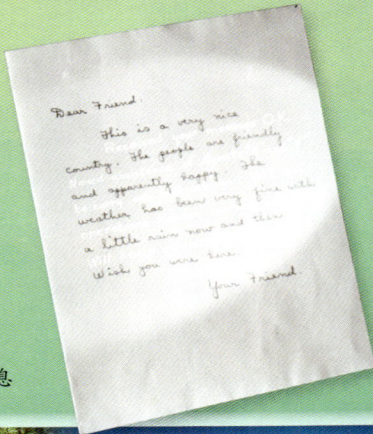

缩印文件

缩印文件是将信息缩小到甚至是一个句点那么小。由于这种印刷文本无法用肉眼直接看到，所以也是一种隐写术。这里展示的是替苏联当间谍的美国夫妇彼得·克罗格和海伦·克罗格的缩印文件。这个缩印文件最终使他们在狱中被囚禁了 20 年。

海伦·克罗格打印的缩印文件被放大后的样子

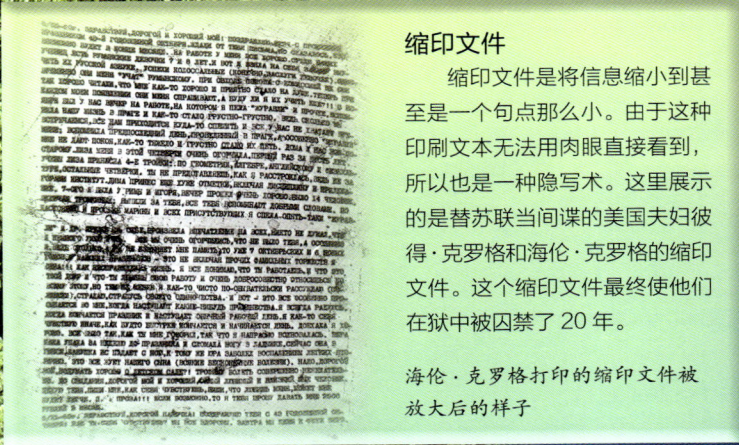

知识拓展

算法 (algorithm)
为编制密码产生的，可以重复使用的运算规则。

图灵机 (bombe)
一个装有许多转鼓的电子器械，是模仿几个连线的恩尼格玛密码机工作机制制造的。

布莱叶点字法 (braile)
使用凸起的点代替字母的书写系统，这种盲文使触觉阅读变成可能。

密码 (cipher)
将明文按照一条隐秘规则进行重排或替换的一种加密系统。

密文 (ciphertext)
可读文本按照密码重新编排产生的不可读文本。

代码 (code)
用其他字、词或数字代替明文字或词的密码系统。只有使用密码本解密，明文信息才能显现。

密码破译者 (crytanalyst)
破译密码的人；不知道密文和密码的密钥或算法时，尽力破解加密信息，并将其转换成可读文本的人员叫密码破译者。

密码编码者 (cryptographer)
密码的编码人；将信息用密码或代码的形式书写的人叫密码编码者。

密码学 (cryptographer)
编写或者破解密码和代码的学科。

楔形文字版 (cuneiform)
写在泥版上形如楔子的文字系统；这种文字是苏美尔人发明的。

解密 (decipher)
通过破解或解锁密码系统，将密文中无法认读的信息转换成原始清晰可读的文本，这个过程叫做解密。

解码 (decode)
通过破解代码，将用代码写成的无法认读的信息转换成原始清晰可读的信息，这个过程叫做解码。

破译 (decrypt)
通过解码，将无法认读的秘密信息转成清晰可读的语言，这个过程叫破译。

加密 (encipher)
使用密码系统，将可读信息转为不可读的字符串的过程叫做加密。

恩尼格玛密码 (Enigma cipher)
二战时，德国人使用特殊制作的恩尼格玛密码机产生的一种密码。

网格密码 (grille)
这是一种有漏洞的纸或卡片。将其置于明文信息之上，只会显示出组成密文信息的某些字母。

象形图 (hieroglyph)
用来代表日常事物的图画或符号，可以表示特定的元音或辅音。几个象形画可以组合成一个单词。

缩印文件 (microdot)
用特殊照相机拍摄的文件照片，可以将文本缩小至一个印刷文本句点大小。一个缩印文本通常隐藏在正常文本的一个页面上。

摩尔斯电码 (Morse code)
由塞缪尔·摩尔斯发明，用短促的点和长按的划表示字母的一种电报电码。

无效字符 (null)
为了凑成需要的字数或者使信息更难破解，嵌入加密信息中的一些无用的字母、符号或数字。

数字代码 (numeric code)

用数字来代替字或词的一种代码形式。

一次性便笺密码 (one-time code)

写有加密信息密钥的一张便笺或笔记；这个密钥只能使用一次，用完后要立即销毁。

象形文字 (pictograph)

用来代表字或词的符号或图画；也被称作象形图。

明文 (plaintext)

未加密之前，由正常的字词组成的可读信息。

随机 (random)

不依据任何明确的方法或规则产生的结果（比如一个密码的算法）；只是偶然或随意产生的事物。

画谜 (rebus)

用图画、符号或者物体来代表词语或者声音的方式。

扰码 (scrambler)

用来搅乱或者混合信息中文字的方法，如果没有解除扰码的工具，没有人能够破解密码。

密码棒 (scytale)

斯巴达人使用的一种加密器械。将写有密文的皮带环绕在木棍或短棒上，就可读出信息。

隐写术（Steganography）

来源于希腊语, steganos 表示遮盖，graphy 表示书写。这是将秘密信息藏于正常的明文中的方式，隐写术能使人觉察不出密文的存在。

电报 (telegraphy)

通过电磁波长距离发送或传输信息的方式。

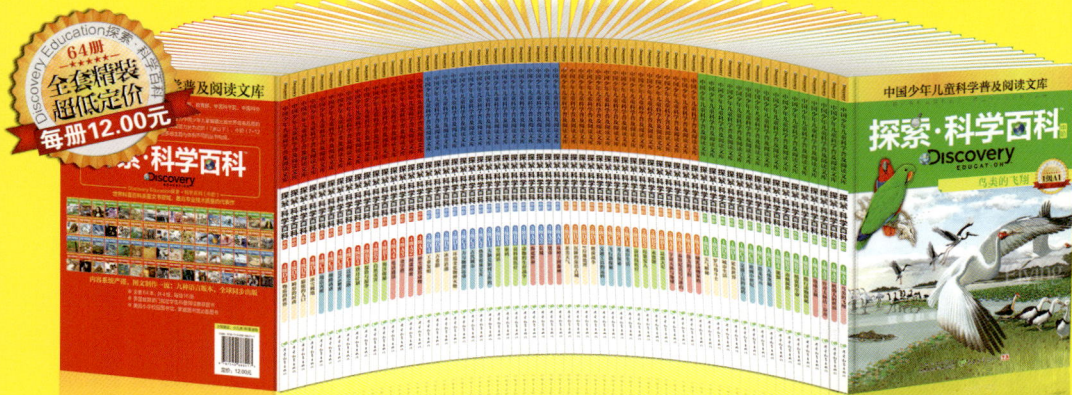